S

RÉFUTATION DU SYSTÊME DES MONADES.

Quodcumque ostendis mihi sic incredulus odi.
Hor. Art. Poët.

A PARIS,
CHEZ THIBOUST, IMPRIMEUR DU ROI,
Place de Cambray.

M. DCCLIV.

Avec Approbation & Permission.

AVANT-PROPOS.

PARMI les différentes opinions des Philosophes sur les Elémens de la Matiére, je ne sçais s'il en est de plus singuliére que celle de M. Leibnitz. Cet illustre Sçavant, dont le nom ne fait pas moins d'honneur à l'Allemagne, que celui de Descartes à la France, & celui de Newton à l'Angleterre, soutient que les principes des Composés, c'est-à-dire des Corps, doivent être des *unités véritables*, des Atômes *formels*, des *Points Métaphysiques*, qu'on a depuis ingénieusement appellés *Monades* : ensorte que tout Corps n'est selon lui qu'un assemblage de ces Etres simples, comme nous concevons que tout nombre est un aggrégat d'unités.

Ce ſyſtême, qui s'eſt accrédité de nos jours, & parmi nous, n'eſt pas ſi moderne, que bien des gens ſe l'imaginent. Zénon, le chef des Stoïciens, Epicure & d'autres anciens Philoſophes en ont fourni les matériaux à M. Leibnitz. Il n'a jamais pû ſe prévaloir à cet égard, que de la méthode admirable, dont il s'eſt ſervi pour le reſſuſciter, & lui donner une nouvelle vogue. C'eſt particuliérement cette méthode, ſur laquelle M. Wolf a encore enchéri beaucoup, qui lui a gagné cette multitude de Sectateurs, que pluſieurs de nos Phyſiciens ſe ſont fait honneur de groſſir.

A les entendre, rien de plus merveilleux que ce ſyſtême. Partout il offre une chaîne de vérités nulle part ſi bien liées, ſi clairement démontrées. Ce n'eſt au contraire dans l'eſprit de ſes adversaires qu'un beau phantôme d'une imagination séduite, qu'une hypothèse purement idéale, qui, indépendemment des difficultés insurmontables, dont elle est hérissée, ouvre spécieusement une ample carrière à l'erreur, & principalement au Spinosisme, qu'elle ne fait que déguiser.

Je souhaiterois volontiers pour la gloire de M. Leibnitz, que ces derniéres prétentions fussent moins fondées. Mon dessein au reste n'est pas de les justifier directement. Plein de vénération pour un Esprit du premier ordre, qui a sçû s'approprier la plûpart des sciences: j'admire ses profondes connoissances, sans adopter en tout ses idées. Je rends hommage à son mérite presque universel, & je me ferois un crime d'attenter à la réputation extraordinaire qu'il s'est acquise, en lui ſoupçonnant des ſentimens plus qu'indignes d'un homme ſi éclairé ; mais comme les plus grands Génies, toujours tributaires de l'ignorance, ne ſont pas à l'abri du faux, M. Leibnitz peut bien y être tombé ſans le vouloir. Il n'arrive que trop ſouvent, qu'oubliant les bornes de ſa ſphére, & que voulant ſoumettre à ſes lumiéres tous les ſecrets de la nature, l'homme le plus ſçavant s'égare avec d'autant moins de défiance, qu'il eſt plus préoccupé de la ſupériorité de ſon génie.

M. Leibnitz ne paroît pas avoir été tout-à-fait exemt de cette préſomption. La maniére avantageuſe dont il s'exprime dans ſes Ecrits, l'inſinuë aſſez : l'Auteur de ſa vie ne le diſſimule pas ; & voici comme en parle un Compilateur moderne : » La paſſion » de paſſer pour un prodige de

» ſcience le dominoit entiére-
» ment : il étoit idolâtre de ſes
» travaux & de ſes découvertes. »
De-là ſes projets inouis de concilier Platon & Ariſtote, Ariſtote & Deſcartes : d'ajuſter un corps de droit pour être adopté par toutes les puiſſances Chrétiennes : d'inventer une langue rationnelle & univerſelle, formée par des caractères, qui à l'inſtar des figures Géométriques, au lieu de noms, exprimaſſent des idées : de faire enfin paſſer dans la ſociété une Arithmétique binaire, auſſi compliquée en effet, qu'elle eſt ſimple en apparence. De-là encore ſon goût décidé pour les ſyſtêmes; goût qui l'entraîna bientôt dans le pur Idéaliſme. Témoins ſa *Théodicée* pleine de myſtéres, ſon *harmonie préétablie*, ſi favorable au fataliſme, & ſon *ſyſtême nouveau de la nature & de la communication des ſubſtances*, auſſi-

bien que de l'union qu'il y a entre l'Ame & le Corps, qu'on peut lire dans le Journal des Sçavans de l'année 1695, au 27 Juin.

C'eſt ſpécialement dans ces derniers Ouvrages qu'il s'efforce de perſuader que tout ce qui exiſte eſt Monade, ou reſultat de Monades. Ce ſont ces Monades, que nous ne craignons pas d'appeller chiméres Phyſiques. *Chiméres*, parce qu'elles n'ont rien de réel, que le nom, ainſi que nous tâcherons de le prouver ſenſiblement : *Phyſiques*, parce qu'on nous les donne pour les principes conſtitutifs de la Matiére & des Corps.

Il eſt glorieux pour M. Leibnitz qu'un Auteur auſſi regretté des Sçavans, que celui des *Inſtitutions de Phyſique*, ait jugé digne de ſes rares talens, de prêter une nouvelle force à ſon ſyſtême, en l'adouciſſant, & en le modifiant avec toute la délicateſſe poſſible. Comme ſon Livre, fort au-deſſus de nos éloges, eſt entre les mains de tous les Amateurs de la Phyſique, & qu'au contraire les Ouvrages Philoſophiques de M. Leibnitz ne ſont pas communs : nous avons cru ne pouvoir mieux faire que de le ſuivre dans notre Diſſertation, afin de mettre plus de monde à portée d'en juger ſainement, & que ſous un tel guide, on ne pût pas nous reprocher d'en impoſer ſur la nature des Etres prétendus, que nous combattons. Si malheureuſement pour la cauſe des Monades, cet Auteur nous fournit des armes contre M. Leibnitz, nous préſumons qu'il les a empruntées de ce Philoſophe ; ainſi l'avantage que nous en tirons ne peut nuire qu'à la cauſe, & non pas à ſon défenſeur.

Je déclare au reſte, & je tâcherai d'en convaincre, que l'amour ſeul du vrai a dirigé ma plume. Tout bon Philoſophe eſt trop partiſan de l'honnête liberté dans les ſciences, pour s'offenſer de celle dont j'uſe ici. Je ſuis l'avis de Madame la Marquiſe du Chatelet, qui à la tête des Inſtitutions de Phyſique, dont il s'agit, exhorte un chacun à ne croire perſonne ſur ſa parole : mais à examiner tout par ſoi-même, en mettant à part toute la conſidération qu'un grand nom emporte toujours avec lui. C'eſt ſur ce principe que j'ai profité du privilége que la nature accorde à tous les hommes, de faire uſage de leur raiſon dans ce qui eſt de ſon reſſort.

Voici en peu de mots le plan de cette Réfutation. Je l'ai diviſée en trois Parties, qui renferment tout ce que la méditation m'a pu ſuggérer de preuves contre la réalité des Monades.

Dans la premiére, après avoir exposé succinctement la déscription qu'en donne l'Auteur des Institutions de Physique, je fais voir par ses propres principes qu'elles sont en contradiction avec elles-mêmes, & qu'elles ne sçauroient par conséquent exister.

Dans la seconde je m'attache principalement à démontrer que la Matiére & les Corps ne peuvent résulter d'aucun assemblage de ces Etres simples, & conséquemment qu'ils n'en sont pas les vrais élémens.

Dans la troisiéme j'examine si les raisons sur lesquelles s'appuient les Monadistes, sont aussi déterminantes, qu'ils le disent: & me les proposant comme autant de difficultés à résoudre, je m'efforce d'y satisfaire le mieux qu'il m'est possible.

Je conclus enfin que les Monades ne ſont que de pures chiméres. Point de prévention : c'eſt la grace que j'attens du Lecteur.

RÉFUTATION

RÉFUTATION DU SYSTÊME DES MONADES.

PREMIERE PARTIE.

Où l'on fait voir que les Monades impliquent contradiction, & qu'elles sont impossibles, même dans les principes des Monadistes.

COMME il s'agit de démontrer par les principes mêmes de l'Auteur des Institutions de Physique, que les Monades de M. Leibnitz ne sont que de pures chiméres, il est à propos d'établir d'abord d'après lui ce que nous entendons par *chiméres*.

» On appelle chiméres (§. 35.) ce » qui implique contradiction, & ne peut » jamais exiſter, c'eſt-à-dire, ce qui eſt » impoſſible ».

Cette définition convient-elle aux Monades ? Pour nous en éclaircir, ramaſſons ſous un même point de vuë tout ce que cet Auteur nous apprend de la nature de ces êtres myſtérieux.

» Les Monades, nous dit-il, (§. 122.) » ſont des êtres ſimples, inétendus, in- » diviſibles, (§. 123.) qui ne rempliſ- » ſent point d'eſpace, & *n'ont point de » mouvement interne :* (§. 124.) qui ne » peuvent être produits par un être com- » poſé, ni venir non-plus d'un autre être » ſimple : (§. 125.) qui étant l'origine » des êtres compoſés, doivent contenir » la raiſon ſuffiſante de tout ce qui ſe » trouve en eux : (§. 12.) qui ſont tel- » lement diſſemblables, qu'il ne ſçauroit » y en avoir deux abſolument ſimilaires : » (§. 126.) dont chacun eſt en *vertu de » ſa nature*, & par ſa *force interne* dans » un mouvement, qui produit en lui des » changemens perpétuels, & une ſuc- » ceſſion continuë : qui enfin (§. 153. » & 156.) *ſont les ſeules ſubſtances réel- » les qui exiſtent* ».

Telle est la prétenduë nature des Monades selon M. Leibnitz, M. Wolf & leurs partisans. Voilà ce que *la moitié de l'Europe sçavante a adopté* comme les seuls vrais élemens de la matiére, & ce que *peu de gens connoissoient en France* avant les institutions de Physique de Madame la Marquise du Chatelet. En faudroit-il davantage que cette description fidelle, pour convaincre un Esprit non prévenu de la contradiction qu'entraînent les Monades avec elles ? Mais ne nous tenons pas quittes à si peu de frais. Examinons sérieusement si de tels êtres sont possibles : & afin de ne pas nous écarter des principes du même Auteur, déterminons encore avec lui ce qu'il faut pour être en droit d'assurer l'imposibilité d'une chose.

» Lorsque nous avançons, dit-il, » (§. 6.) qu'une chose est impossible, » nous sommes tenus de démontrer » qu'on y nie, & qu'on y affirme la » la même chose en même tems, ou » bien qu'elle est contraire à une vérité » déja démontrée ».

Profitons d'une regle si importante, & qu'on ne puisse pas nous reprocher de nous en être écarté. Nous avons donc deux choſes à prouver : la premiere que la doctrine des Monadiſtes nie & affirme en même tems la même choſe : la ſeconde qu'elle eſt contraire à une vérité déja démontrée. C'eſt ce que nous allons faire ſéparément.

ARTICLE PREMIER.

Où l'on prouve que la Doctrine des Monadiſtes nie & affirme en même tems la même choſe.

DIRE équivalemment qu'un être eſt matériel & immatériel : qu'il remplit & ne remplit pas d'eſpace : qu'il n'a pas de mouvement interne, & qu'il eſt dans un mouvement interne & perpétuel : qu'il contient & ne contient pas la raiſon ſuffiſante de tout ce qui ſe trouve dans les êtres compoſés : qu'il exiſte néceſſairement & contingemment : qu'il excluë & admêt ſon ſemblable : enfin qu'il eſt, & n'eſt pas ſuſtance ; n'eſt-ce pas-là préciſément affirmer & nier en même tems la même choſe ? Peut-on plus formellement ſe contredire ?

Or telle eſt la doctrine des Monadiſtes dans l'Auteur des inſtitutions de Phyſique, qui déclare ne faire qu'expoſer les idées de M. Leibnitz. Tant ſoit peu d'attention ſuffit pour s'en convaincre.

§. I.

AUCUNE portion de matiére ne peut résulter d'un amas de ſubſtances ſpirituelles; ce principe n'eſt conteſté de perſonne. Les élemens ſubſtanciels de tout corps doivent donc être matériels: puiſque toute ſubſtance qui n'eſt pas ſpirituelle, dès-là même eſt matérielle; ce que nous aurons occaſion de faire voir ci-après. Or les Monades ſont par hypothèſe les élemens ſubſtanciels des corps. Elles ſont donc matérielles; cependant on veut qu'elles ſoient *ſimples* & *indiviſibles*; d'ailleurs tout ce qui eſt ſimple & indiviſible eſt néceſſairement immatériel. Tout le monde en convient. Nos adverſaires même ſont forcés de l'avouer; car tout ce qui eſt ſimple ſelon eux, eſt inétendu: or tout ce qui eſt inétendu ne ſçauroit être matériel, puiſque dans leurs principes la matiére & l'étenduë ſont une même choſe (§. 143.). Il faut donc conclure que les Monades ſont en même tems matérielles & immatérielles, ce qui implique ouvertement.

En partant du même principe, il me semble que je puis encore établir ce dilemme : ou les Monades sont matérielles, ou elles sont immatérielles. Si elles sont matérielles, donc elles sont étenduës, divisibles & composées : parce que tels sont les attributs de toute matiére. Si au contraire elles sont immatérielles, donc elles ne sont pas les élemens substanciels des corps & de la matiére, par la raison que nous avons d'abord exposée. Ces deux conclusions sont également contradictoires.

§. II.

UNE Monade, nous dit-on, (§. 123.) *ne remplit point d'espace* ; par conséquent deux Monades n'en peuvent pas non-plus remplir. Car quelle *raison suffisante* y auroit-il de ce phénomene ? Leur extra-position ? Je ne vois pas qu'on puisse assigner autre chose ; mais si l'extra-position de deux Monades suffisoit pour qu'elles remplissent un espace, chacune d'elles devroit aussi séparément remplir le sien : puisque chacune est *néces-*

ſairement extra-poſée ſuivant l'Auteur des inſtitutions (§. 134.). En effet, les Monades nous étant données comme des ſubſtances ſimples & immatérielles, nous pouvons les regarder comme des eſprits rélativement à l'eſpace : or ſi par l'extra-poſition de deux eſprits un eſpace étoit rempli, ne faudroit-il pas que chacun d'eux remplît ſéparement le ſien ? Cela paroît hors de doute : puiſque l'eſpace rempli par ces deux eſprits auroit néceſſairement ſa droite & ſa gauche, l'une & l'autre remplie. On ne nous accordera donc pas que l'extra-poſition de deux Monades ſuffiſe pour remplir un eſpace.

Or dès que deux Monades ne peuvent remplir le moindre eſpace ; par la même raiſon il n'eſt pas moins impoſſible que trois, dix, cent, mille, &c. en rempliſſent aucun. Je puis avec autant de certitude pouſſer ce raiſonnement à l'infini ; d'où il s'en ſuivra évidemment qu'il n'eſt pas poſſible qu'un aggrégat de ces êtres ſimples, fût-il infini, rempliſſe jamais aucun eſpace.

Cependant on convient, & on ne ſçauroit le révoquer en doute, que le plus petit corps remplit réellement un eſpace proportionnel à ſon volume ; il faut donc que la moitié des Monades conſtitutives de ce corps, & de tout autre (ſuppoſé qu'il en ſoit compoſé) rempliſſe auſſi ſon eſpace particulier : puiſqu'elle eſt hors de l'autre, & que deux moitiés d'un tout matériel ne ſçauroient naturellement occuper le même lieu ; or ſi cela eſt vrai de chaque moitié, il ne l'eſt pas moins auſſi de chaque Monade en particulier, que je dois regarder comme la derniere moitié proportionnelle du corps, le nombre en étant limité dans tout corps fini ſuivant le même Auteur (§. 171.). Il eſt donc manifeſte que dans ſa doctrine chaque Monade remplit & ne remplit pas d'eſpace en même tems.

§. III.

Ici les raiſonnemens ſeroient ſuperflus. Nous n'avons qu'à oppoſer le §. 126, & tout le chap. VIII. des inſtitutions de Phyſique au §. 123. Dans celui-ci l'Auteur aſſure poſitivement que les Monades *n'ont pas de mouvement interne*. Deux pages après dans l'autre, il ſoutient qu'elles ſont dans un mouvement interne & continuel : *interne*, puiſqu'il eſt l'effet *d'une force interne* qu'il admêt en elle :

continuel, puiſqu'il produit en chacune d'elles *des changemens perpétuels*. Quels efforts d'ailleurs ne fait-il pas dans le chap. VIII. pour prouver que la matiére & les êtres ſimples qui en ſont les principes, ont une double force, l'une active, *interne :* l'autre d'*inertie*, qu'il faut, dit-il, ajoûter à l'étenduë, pour avoir une exacte notion de la matiére. N'eſt-ce pas-là bien clairement dire en même tems oui & non ? Quoi de plus ſingulier ? Ce n'eſt pas tout.

§. IV.

SI la matiére eſt ſubſtanciélement contingente, les Monades qui compoſent ſa ſubſtance doivent ſans doute exiſter auſſi contingemment. Car s'il n'y avoit que l'union de ces êtres ſimples qui fût contingente, on ne pourroit pas, comme on le fait, (§. 19.) inférer l'exiſtence d'un être néceſſaire de celle de la matiére. Quel beſoin effectivement d'un être néceſſaire pour réunir des parties préexiſtantes ? Le mouvement ſuffit : & les Monades l'ont *par leur nature* ſuivant le §. 126.

Or on établit parfaitement au même

endroit la contingence de la matiére ; on veut même (§. 124.) que la raiſon ſuffiſante *des êtres ſimples*, & non pas ſeulement de leur union, ſoit dans Dieu. On reconnoît donc que les Monades exiſtent contigemment ; mais on l'oublie, (§. 124.) & on y démontre ſans y penſer que leur exiſtence eſt néceſſaire.

En effet, exiſter & ne reconnoître aucune cauſe de ſon exiſtence, n'eſt-ce pas-là au jugement du bon ſens exiſter néceſſairement ? Or l'Auteur des inſtitutions prouve ſans équivoque (§. 124.) que les Monades ne dépendent d'aucune cauſe, à qui elles ſoient redevables de leur exiſtence ; car n'y ayant ſelon lui que deux ſortes d'êtres, le ſimple & le composé, il faut abſolument que toute cauſe ſoit l'un ou l'autre : or il déclare expreſſément qu'une Monade *ne peut être produite par un être composé, ni venir non-plus d'un autre être ſimple* ; & c'eſt d'un principe d'exiſtence & de création dont il s'agit ici, qu'on y prenne garde, & non pas d'un principe de génération & ou de formation : puiſqu'il eſt queſtion d'un principe qui produiſe ce qui n'exiſtoit pas auparavant, & que d'ailleurs tout ce qui eſt engendré ou formé, emporte toujours avec ſoi des parties que la ſimplicité des Monades ne peut ſouffrir. Ces êtres Leibnitziens ſont donc tout à la fois néceſſaires & contingens. Quel contraſte ! En voici un autre qui n'eſt pas moins frappant.

§. V.

On nous enſeigne (§. 125.) que les Monades *doivent contenir la raiſon ſuffiſante de tout ce qui ſe trouve dans les êtres composés* ; mais on le ſuppoſe contradictoirement avec ſoi-même ; car pour concevoir qu'un être ſimple renferme le principe d'une propriété exiſtante dans le composé, n'eſt-il pas néceſſaire qu'il ſoit lui-même doué d'une propriété qui ſoit comme le germe, d'où l'on voye éclore celle du composé ? Sans contredit : à moins qu'on ne prétende qu'il opére cette eſpéce de génération par ſa ſeule préſence, ce qui ſeroit ridicule. Or les Monades n'ont aucune propriété, d'où l'on puiſſe déduire toutes celles du composé. On ne connoît en elles que la ſimplicité, & une prétenduë force tant active que paſſive. Dira-t-on qu'un corps eſt long, large, épais, figuré, ſolide, impénétrable, rempliſſant un lieu, diviſible, poreux, tranſparent, mobile, &c. parce que chacun de ſes élémens eſt ſimple, ou qu'il a une double force, l'une de mouvoir, l'autre de réſiſter ? Je ne le penſe pas. Il faudroit alors admettre toutes ces qualités en Dieu, en qui cette force & la ſimplicité réſident dans toute leur plénitude. Les Monades ſont donc bien éloignées de pouvoir contenir la raiſon ſuffiſante de toutes les propriétés du compoſé.

Mais peut-être ſuffit-il pour cela que ces propriétés dépendent de l'union des êtres ſimples ? Point du tout : puiſque cet aſſemblage eſt le compoſé lui-même, & qu'alors ce ſeroit le compoſé qui contiendroit la raiſon ſuffiſante de ſes propriétés, & non pas les êtres ſimples. Il faut donc dire que les Monades renferment & ne renferment pas la raiſon ſuffiſante de tout ce que nous admirons dans le compoſé. Allons plus avant.

§. VI.

Nous avons vû que ſuivant l'Auteur des inſtitutions (§. 12.) il ne peut y avoir deux Monades *ſimilaires*. Il détruit encore lui-même cette assertion gratuite par la similitude qu'il reconnoît entre les termes des productions naturelles. » Les plantes, dit-il, (§. 172.) » les animaux, les fossiles, tout enfin » produit *constamment son semblable* ».

Or le principe *de la raison suffisante* ne demande-t-il pas pour la vérité de cette similitude, que les principes, c'est-à-dire, les Monades du corps produit, soient semblables à celles du corps produisant ? On ne peut le nier dans les principes de cet Auteur, puisqu'il déduit lui-même la différence des êtres composés *de la différence originaire* des êtres simples qui les constituent ; chaque Monade excluë donc & admêt en même tems sa semblable.

Il ne s'agit dans cet endroit, pourra-t-on nous dire, que d'une similitude spécifique, qui n'empêche pas une différence numérique & individuelle ; ainsi quoique tous les fruits, par exemple, toutes les feuilles d'un même arbre soient spécifiquement semblables, on peut toujours remarquer quelque différence dans chaque individu, sur-tout quand on les examine avec autant d'attention, que le fit M. Leibnitz dans le jardin d'Heurenaufen, en préfence de Madame l'Electrice d'Hanover.

Je le veux; mais qu'on daigne nous répondre. En quoi confifte cette différence que M. Leibnitz avoit intérêt de voir entre les feuilles d'un même arbre? En rien autre chofe que dans la grandeur ou la figure, dans la tiffure des parties groffieres, dans la difpofition des fibres, ou dans toute autre qualité extérieure & purement contingente. Or ces qualités fe rencontrent-elles auffi dans les Monades qui n'ont ni grandeur, ni figure, ni partie? Dépendent-elles immédiatement des élémens mêmes du compofé, ou fimplement de la variété de leur nombre & de leur arrangement? Avec des parties femblables ne fait-on pas tous les jours paroître aux yeux des compofés fenfiblement différens? Pourquoi donc de la différence extérieure & accidentelle des individus d'une même efpéce corporelle, inférer une différence *interne & effentielle* entre toutes les Monades qui les compofent? Certainement il ne paroît pas y avoir aucune liaifon de l'une à l'autre. Au furplus M. Leibnitz a-t-il exactement confronté tous les individus de chaque efpéce corporelle, comme cela eſt néceſſaire en matiére contingente, pour tirer une concluſion générale qui ſoit vraie ? Faut-il l'en croire ſur ſa parole ? Cette confiance, on va le voir, nous meneroit loin.

§. VII.

Rien de plus fondamental dans la Phyſique des Leibnitziens que les Monades *ſont les ſeules ſubſtances réelles qui exiſtent* (§. 153.). Si l'on admêt ce principe, la conſéquence n'eſt-elle pas toute naturelle ? Celui par qui tout eſt, & ſans qui rien ne peut être, Dieu n'eſt plus une véritable ſubſtance : ou bien il n'eſt qu'une pure Monade, un élement de la matiére ; car enfin c'eſt de ces élemens dont il eſt ici queſtion. J'en puis dire autant de mon ame. Quel ſujet de triomphe... Mais tirons le voile ſur des idées qui pourroient allarmer la Religion. Sans doute les Monadiſtes ſont bien éloignés de les adopter. Contentons-nous d'avoir fait ſentir la portée de leurs principes : & revenons à leur diſcuſſion.

La Monade, loin d'être la ſeule ſubſtance réelle qui exiſte, eſt elle-même une vraie ſubſtance ? Qu'eſt-ce qui caractériſe la ſubſtance ? Ecoutons l'Auteur des inſtitutions.

1°. Voici comme il s'explique §. 128. „ Le véritable caractère de la ſubſtance „ eſt d'agir. Elle ſe diſtingue des acci- „ dens par l'action „. Or (ſuppoſée la vérité de cet autre principe, que je crois également faux) quelle action remarquons-nous dans chacune des Monades qui concourent à former les corps? Cette action, ſi elle étoit réelle, ne devroit-elle pas être ſenſible, au moins dans une multitude innombrable de ces Agens réunis ? *Vis unita fit fortior*; cependant une pierre de taille la plus énorme montre-t-elle la moindre action par elle-même ? Tout ce que j'apperçois en elle, c'eſt qu'elle preſſe ce qui la ſoutient : mais cette preſſion lui vient-elle d'une action interne, eſſentielle ? N'eſt-elle pas plutôt l'effet de la gravitation générale, force qui lui eſt tout-à-fait extrinſéque, & purement contingente ? Perſonne n'en diſconvient. En quoi donc conſiſte l'action des Monades de cette pierre, & de toute autre portion de matiére ? Dans les changemens perpétuels, dira-t-on peut-être, & dans cette ſucceſſion continuë, qui ſe manifeſtent aſſez dans les corps

corps & dans toute la nature. On peut l'avancer, mais sans fondement : puisque les corps sont purement passifs dans tous les changemens qu'ils éprouvent successivement. Les Monades n'ont donc point d'action proprement dite par elles-mêmes ; il n'est donc pas vrai qu'il n'y ait de *véritables sustances* qu'elles, comme on le répéte §. 156.

2°. » Une substance, dit encore l'Auteur des institutions, §. 52. est ce qui » conserve des déterminations essentielles, & des attributs constans, tandis » que les modes y varient & se succédent ». La définition a certainement le mérite de la nouvauté. Faisons-en l'application. Quelles sont les déterminations essentielles d'une Monade ? On ne peut nous citer que la simplicicité & la force. Voilà dans l'esprit de M. Leibnitz & de Madame du Chatelet ce qui constituë l'essence des êtres simples ; mais si cela étoit, toutes les Monades, contre le principe des indiscernables, établi dès le commencement de son Livre, (§. 12.) toutes les Monades, dis-je, seroient essentiellement *similaires*, la simplicité ne pouvant varier, & la force ne se diversifiant que dans ses effets, ou dans ses degrés, encore d'une maniere absolument contingente, & toujours proportionnelle à la masse, qu'excluent les Monades. De plus la force des élémens dont il s'agit ici, n'est autre que celle que M. Leibnitz appelle (§. 158.) *force primitive*, par opposition à la force *dérivative :* or » cette force primitive, nous » dit-on, (§. 159.) n'est que le résultat » des déterminations internes des élé- » mens, & on ne peut l'expliquer (ni » par conséquent l'entendre) sans con- » noître ces déterminations ». Elle n'est donc pas quelque chose de primordial dans les Monades, & par conséquent elle ne sçauroit fonder leur essence.

Or la simplicité peut-elle seule la constituer cette essence ? Elle n'est qu'une exclusion de parties substancielles, qui dans ce qui n'est pas esprit ne détermine rien que l'indissolubilité, prérogative dont le néant peut également se glorifier. On ne connoît donc pas les déterminations internes & primordiales des Monades. L'Auteur des institutions le confesse lui-même au même endroit. » On n'est pas » encore allé assez loin pour connoître » ces déterminations internes des élé- » mens ».

Cela posé, comment nous apprendre quels sont leurs attributs constans, ou leurs propriétés? puisque » quand il est » question d'admettre quelque propriété » dans un être, il faut voir, dit encore le » même Auteur, (§. 50.) si elle découle » de ses déterminations primordiales ». Nous fera-t-on du moins connoître les modes successifs de ces êtres simples? Quelle apparence d'y parvenir! » Les » modes, selon le même Auteur, (§. 43.) » sont la limitation du sujet dont ils sont » les modes ». Or une Monade peut-elle être limitée? Quelles seroient ses *limites?* Les autres Monades environnantes? Mais celles-ci seroient donc tout à la fois *modes & substances:* modes par la définition, substances par l'hypothèse.

Concluons que l'impuissance où sont les Leibnitziens d'indiquer les déterminations essentielles des Monades, leurs propriétés constantes & leurs modes variables, conformement aux définitions qu'ils établissent eux-mêmes, est un aveu tacite de leur part qu'elles ne sont rien moins que de véritables substances.

N'est-il pas clair à présent que la doctrine des Monadistes nie & affirme en même tems la même chose? Il ne nous reste donc plus pour compléter notre preuve, qu'à faire voir que cette doctrine *est contraire à une vérité démontrée :* & nous aurons acquis par-là un double titre de soutenir que les Monades impliquent contradiction, & qu'elles sont impossibles dans l'esprit même de leurs partisans.

ARTICLE DEUXIÉME.

Où l'on montre que la Doctrine des Monades est contraire à une vérité démontrée & reconnuë.

Il est démontré avec la derniere évidence que tout corps est divisible à l'infini : & certainement il ne le seroit pas s'il étoit composé de Monades : puisqu'on parviendroit enfin à la derniere, le nombre en étant nécessairement fini dans toute étenduë bornée, comme nous l'avons déja remarqué d'après les prétentions de l'Auteur des institutions (§. 171.).

On nous repliquera sans doute, & je m'y attends bien, qu'on ne reconnoît pas cette divisibilité de la matiere à l'infini ; mais en sera-t-elle moins démontrée ? Eſt-il permis pour défendre une hypothèſe, une conjecture dénuée de toute certitude, de rejetter un point de Phyſique que l'on convient être fondé en démonſtrations rigoureuſes ? Les Phyſiciens de tous les partis entre les plus célébres Modernes, ſe font gloire de ſoumettre leur raiſon à cette vérité, qu'ils ne regardent pas moins comme un myſtére dans l'ordre naturel. Ils penſent même qu'il faut renoncer à toute certitude humaine pour s'opiniâtrer à la nier. Chacun à l'envi a épuiſé tout ce qu'on peut ſouhaiter de plus convainquant ſur cette matiere. Qu'on liſe Rohault dans ſon Traité de Phyſique, I. part. chap. IX. M. Nicole dans ſon Art de penſer, IV. part. chap. I. M. Sgraveſande, cet autre Newton, Liv. I. part. I. ch. IV. Enfin le ſçavant. M. Keill dans ſon Introduction à la vraie Phyſique, Lec. III. & IV. Partout on trouvera dans les Démonſtrations de ces Génies ſuperieurs une évidence qui porte avec elle la conviction dans tout eſprit non prévenu. Les Gaſſendiſtes, les Newtoniens, tous les Atomiſtes eux-mêmes, en reconnoiſſant que leurs atomes ſont des corpuſcules vraiement matériels, redent témoignage à leur diviſibilité ultérieure : puiſque la ſolidité dont ils les arment, auſſi forte qu'elle puiſſe être, ne peut jamais empêcher que leur diviſion actuelle, & c'eſt dans le fond tout ce qu'ils demandent, & ce que perſonne ne leur conteſte aujourd'hui.

Mais pourquoi cette énumération ? Nous diſputons ici contre M. Leibnitz : or ce Philoſophe reconnoît lui-même que tout corps eſt diviſible à l'infini. Il nous en a laiſſé des preuves complettes dans *ſon Syſtême nouveau de la communication des ſubſtances*, &c. où après avoir blâmé les Modernes de confondre les machines naturelles avec les artificielles, il s'exprime ainſi : » Il faut donc ſçavoir » que les machines de la nature ont un » nombre d'organes *véritablement infini* ». Il ne décide pas moins nettement dans deux réponſes qu'il fit à M. Foucher, Chanoine de Dijon, & qui ſe trouvent inſérées dans le Journal des Sçavans, l'une au 2 Juin 1692. l'autre au 3 Août de l'année ſuivante. Ses paroles ſont remarquables dans l'une & dans l'autre. Voici comme il parle dans la premiere : » Je ne conçois point d'*in-* » *diviſibles* phyſiques ſans miracle, &

» je crois que la nature peut réduire les » corps à la petitesse que la Géométrie » peut considérer ». Quoi de plus clair? Il n'est pas moins décisif dans la seconde réponse : » Je suis tellement pour l'in- » fini actuel, y dit-il, qu'au lieu d'ad- » mettre que la nature l'abhorre, comme » on dit vulgairement, je tiens qu'elle » l'affecte partout pour mieux marquer » les perfections de son Auteur ; ainsi » je crois qu'il n'y a *aucune partie de* » *la matiere* qui ne soit, je ne dis pas » divisible, mais actuellement divisée ; » & par conséquent *la moindre parti-* » *celle* doit être considérée comme un » monde plein *d'une infinité de créa-* » *tures* ».

Après une déclaration si formelle de la part de M. Leibnitz, quelles raisons pourroient avoir ses Disciples de s'obstiner à borner la divisibilité de la matiere? Seroit-ce parce qu'il est difficile de la comprendre? Mais peut-il y avoir quelque chose d'incompréhensible pour des Philosophes, qui conçoivent clairement des êtres, dont ils ignorent la nature? Au surplus, comme le remarque judicieusement M. Nicole, quoi de plus incompréhensible que l'éternité?

En eſt-on moins forcé de l'admettre ? Ne prouve-t-on pas même ſon exiſtence dans les inſtitutions de Phyſique (§.20.).

Mais, dira-t-on, l'étenduë ſur laquelle les Géometres établiſſent leurs démonſtrations n'exiſte pas réellement. Loin d'en convenir, tout le monde ſçait que M. Keill a parfaitement ſatisfait à cette difficulté contre M. Duhamel. En effet, pourquoi l'étenduë géométrique n'exiſteroit-elle pas, ſur-tout dans le ſyſtême des Monades ? Y a-t-il rien de plus conforme à cette étenduë, que celle qui réſulte des Monades ? Par leur moyen n'avons-nous pas des points inétendus, des lignes ſans largeur, des ſurfaces ſans profondeur ? Une Monade eſt-elle étenduë ? Une ſerie de Monades peut-elle avoir de la largeur ? Une ſimple couche de ces mêmes êtres donnera-t-elle de la profondeur ? Or ces Monades n'exiſtent-elles pas par hypothèſe ? L'étenduë géométrique exiſte donc auſſi.

Que peut gagner après cela l'Auteur des inſtitutions à ſoutenir (§. 171.) contre l'autorité de M. Leibnitz dont il ſuit les lumieres, » que la diviſibilité de l'é-» tenduë a l'infini eſt en même tems une » vérité géométrique & une erreur phyſique ».

» ſique ». Qui ne voit que c'eſt ici un faux-fuyant, un après-coup imaginé pour ſauver une opinion dont on eſt prévenu? Ne pourroit-on pas avec auſſi peu de fondement prétendre la même choſe de toutes les autres vérités géométriques? Que deviendroient alors les principes les plus ſolides des ſciences, qui tirent tout leur luſtre de la Géométrie? La Phyſique en eſt-elle exceptée? Ne liſons-nous pas dans l'avant-propos des inſtitutions (pag. 3.) » qu'on ſe flatteroit en vain ſans » le ſecours de la Géométrie de faire de » grands progrès dans l'étude de la na- » ture : que cette ſcience eſt la clef de » toutes les découvertes ; & que, s'il y » a encore pluſieurs choſes inexplicables » dans la *Phyſique*, c'eſt qu'on ne s'eſt » point aſſez appliqué à les rechercher » par ſon moyen ». Enfin l'Auteur n'a-t-il pas lui-même recours aux démonſtrations de cette ſcience, pour étayer les leçons qu'il nous donne dans ce livre? C'eſt donc bien aſſez qu'il nous accorde d'une part, que la diviſibilité du continu à l'infini eſt une vérité géométriquement démontrée ; & de l'autre, que les Monades ſont abſolument contraires à cette vérité, pour être en droit de conclure après tout ce que nous avons dit auparavant, que ces prétendus êtres sont impossibles.

Si nous avions besoin de preuves subsidiaires, nous renverrions le Lecteur au chap. II. des institutions. La contingence de tout ce qui nous environne, c'est-à-dire, du monde entier, est, comme nous l'avons déja observé, le moyen triomphant que l'Auteur y emploie avec raison, pour établir l'existence de Dieu: or les Monades sont contraires à cette contingence démontrée, puisque par le §. 124. elles ne reconnoissent aucune cause de leur existence, non pas même de leur mouvement, chaque Monade étant *par sa nature* (§. 126.) dans un mouvement continuel: & ce que l'on tient de sa nature étant nécessaire suivant les §. 45 & 48.

Mais finissons cette premiere partie, en priant seulement le Lecteur curieux de puisèr dans les sources mêmes, s'il lui reste encore qu lque doute; je veux dire, de consulter les différens Ouvrages de M. Leibnitz, que nous avons indiqués. Il y verra 1°. que tout n'est que Monades, ou résultat de Monades. 2°. Que ces *points méthaphysiques* sont les ſeules ſubſtances proprement dites. 3°. Que ces ſubſtances vraiment actives ſont douées de *ſentiment*, d'*appétit* & de *perception*; en ſorte que chacune d'elles eſt comme un *miroir repréſentatif de l'univers* ſuivant ſon point de vûe. 4°. Qu'elles ne différent dans l'homme, dans le ſimple animal, & dans tous les corps que par le plus ou le moins de perfection, ſur-tout dans leurs perceptions. 5°. Enfin qu'elles ne ſçauroient être *formées, ni détruites*; d'où il conclut que l'*animal ne meurt jamais* réellement, & qu'ainſi il faut admettre une *transformation ſucceſſive* d'un même animal, au lieu de la Métempſicoſe de Pythagore.

Nous ne nous arrêterons pas aux inductions qui coulent naturellement de cette doctrine. Elles ſont trop palpables; il nous ſuffit d'avoir fait appercevoir que le ſyſtême des Monades eſt bien adouci dans les inſtitutions de Phyſique, & que par conſéquent nous ne gagnons rien à le réfuter dans cet Auteur, ſi ce n'eſt l'avantage d'avoir un plus grand nombre de Juges.

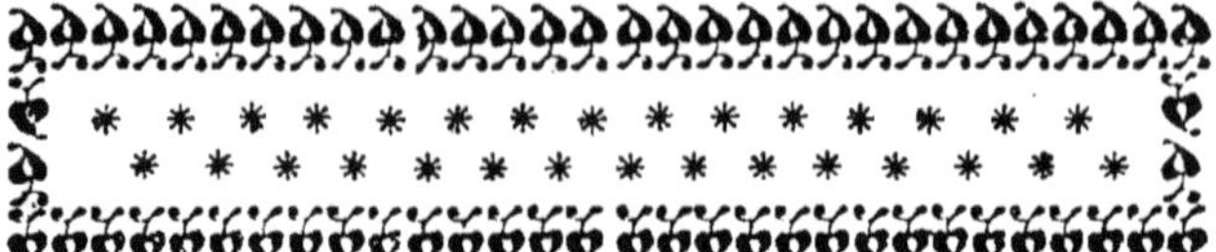

SECONDE PARTIE.

Où l'on s'attache particuliérement à démontrer que la matiére & les corps ne ſçauroient réſulter d'aucun aſſemblage de Monades, & qu'ainſi ces prétendus êtres n'en ſont pas les vrais élémens.

En vain voudroit-on (§. 135.) appeller révolte de l'imagination la répugnance, j'oſe le dire, involontaire, que nous ſentons à admettre les atômes formels de M. Leibnitz, ſous prétexte qu'ils ne tombent pas ſous les ſens. Il eſt des vérités ſans nombre, & ce ſeroit perdre le tems d'en faire l'énumération, qui triomphent malgré nous de notre aſſentiment, quoiqu'aucune image ſenſible ne les repréſente à notre eſprit. L'évidence eſt un flambeau dont les traits lumineux ſe font ſentir à tous les hommes; & ſi quelquefois elle paroît obſcurcie de nuages, la méditation & la réflexion ſçavent tôt ou tard l'en dégager, & lui rendre ſon éclat naturel.

Pourquoi donc malgré tous ſes efforts la raiſon appliquée ne peut-elle comprendre les Monades ? Pourquoi avec toute ſa pénétration ne parvient-elle pas à percer le voile qui nous dérobe leur réalité, ſi elles en ont ? Nous a-t-on bien raſſurés contre cette incompréhenſibilité, en nous diſant que l'entendement ſeul peut concevoir ces points métaphyſiques ? L'entendement peut-il ſoumettre à ſa perception un être ſans eſſence, une eſſence ſans propriété, des propriétés ſans principe qui les exige ?

Tout être, au jugement même de l'Auteur des inſtitutions, (§. 38.) ne devient poſſible que par ſon eſſence. Il faut donc la connoître cette eſſence, pour aſſûrer avec certitude, je ne dis pas l'actualité de cet être, mais ſeulement ſa poſſibilité. L'eſſence d'un être, ſuivant le même Auteur au même endroit, *conſiſte dans ſes déterminations primordiales :* or, encore une fois, quelles ſont les déterminations primordiales des Monades ? Sans doute elles doivent être quelque choſe de poſitif, & tout ce qu'on nous apprend de ces êtres ſimples, eſt purement négatif ; ſi cependant vous en exceptez la force motrice & l'inertie, qui ne peuvent convenir à la matiére dans le ſens des Leibnitziens, ni par conſéquent aux Monades qu'ils veulent en être les élémens. C'eſt ce que nous croïons avoir ſuffiſamment démontré ailleurs. * Ainſi, loin de connoître l'eſſence de ces prétendus êtres, toutes les notions qu'on nous en donne prouvent *par le principe de contradiction* qu'ils en ſont deſtitués : ſi ce n'eſt peut-être qu'on nous diſe que leur eſſence eſt de n'en point avoir. Sur quel fondement donc établir leur poſſibilité : & ſi cette poſſibilité eſt gratuite, que devons-nous penſer de leur actualité ? L'entendement n'eſt-il donc pas bien excuſable de ne pas les concevoir ? N'eſt-il pas même bien fondé à les rejetter comme de pures chiméres ? C'eſt ce que nous allons examiner de nouveau.

§. I.

Tout ce qui exiſte, tout ce qui eſt poſſible, eſt ou ſubſtance, ou modifi-

* Lettre ſur la nature de la matiére & du mouvement, à l'Auteur des Inſtitutions de Phyſique, imprimée chez Thibouſt en 1747.

cation. Cette vérité eſt avouée de nos adverſaires, & elle n'a pas beſoin de preuves. Comment donc l'entendement pourroit-il admettre ce qui n'eſt ni ſubſtance ni modification?

Je ſçais qu'on épuiſe toutes les ſubtilités métaphyſiques pour nous perſuader que chaque Monade eſt une vraie ſubſtance, & même la ſeule ſubſtance réelle qui exiſte; mais y parvient-on? Indépendemment des preuves du contraire, que nous avons déja adminiſtrées dans la premiere Partie, n'eſt-il pas conſtant qu'on ne peut, ſans renverſer la Philoſophie de tous les âges & de tous les grands Hommes, admettre une ſubſtance, qui ne ſoit ni matiére ni eſprit, ni moyenne, au moins entre ces deux eſpéces: or on ne veut pas qu'une Monade ſoit matérielle; elle ſeroit alors étenduë & diviſible, ce qui eſt contraire à ſa définition. On n'oſeroit d'ailleurs aſſûrer qu'elle eſt ſpirituelle, quoique cette *ſpiritualité* découle naturellement des principes de M. Leibnitz. La penſée deviendroit par-là une propriété de la matiére. Cette abſurdité révolte dans un Génie tel que M. Locke. On la réfute avantageuſement contre lui (§. 47.). Il reſte donc à prétendre que la Monade eſt une ſubſtance moyenne entre l'eſprit & la matiére ; mais ſi elle étoit ainſi une ſubſtance moyenne, ce ſeroit néceſſairement ou par excluſion, ou par participation des extrêmes : or l'un n'eſt pas plus concevable que l'autre. Car le moyen de concevoir une ſubſtance qui n'eſt ni ſpirituelle ni matérielle ? Et ſuppoſé que nous ne puiſſions pas en démontrer l'impoſſibilité, cela ſuffit-il à nos adverſaires, pour être en droit d'aſſûrer ſa poſſibilité ? Comment d'un autre côté ce qui n'eſt nullement étendu, & ce qui ne peut penſer en aucune façon, ſeroit-il en partie matiére & en partie eſprit ? Il n'eſt donné qu'à l'imagination de feindre de pareilles ſubſtances. Elles ne ſont pas du reſſort de l'entendement.

§. II.

Si la matiére n'exiſte pas réellement *à parte rei*, pour nous ſervir des termes de l'Ecole, ſes élémens deviennent inutiles, & on ne peut plus prouver l'exiſtence des Monades, à moins que par elles on n'entende des êtres penſans. Or dans les principes des Monadiſtes la matiére n'exiſte pas réellement *extrà mentem.* Car qu'eſt-ce que la matiére chez eux ? C'eſt, dit l'Auteur des inſtitutions, (§. 143 & 144.) » l'étenduë combinée » avec la force d'inertie & la force mo- » trice ». D'où il ſuit que l'exiſtence réelle de la matiére dépend eſſentiellement de celle de l'étenduë & de la force tant motrice que réſiſtante : une choſe ne pouvant exiſter ſans l'actualité de ſon eſſence. Or l'étenduë & cette double force n'exiſtent pas réellement ſuivant cet Auteur. Car les apparences n'étant que des modifications de notre ame, elles n'exiſtent pas hors de nous. *Apparences, images, phénoménes* ſont différens noms qui ſignifient une même choſe dans ſa doctrine (§. 154.). Or l'étenduë, la force motrice & l'inertie ne ſont, dit-il, (§. 134 & 153.) que des phénoménes, des images ; & dans la confiance que cela paroîtra moins ſingulier à la ſeconde vûë, il le répete expreſſément (§. 156.). » Les trois propriétés qui font » l'eſſence du corps, ſont des phénomé- » nes, » & il ajoûte tout de ſuite, *mais des phénoménes ſubſtanciés*, comme ſi une apparence ſe réaliſoit, dès-là qu'on la gratifie du titre de ſubſtance. Quelle

Philoſophie ! Si l'eſſence des corps n'eſt qu'un phénoméne, ſont-ils eux-mêmes autre choſe que des apparences, & le monde entier dans ſa brillante architecture nous offre-t-il rien qu'un gros phénoméne, qu'une image immenſe ? L'inimitable M. de Fontenelle avec toute ſa délicateſſe & toute ſa légéreté auroit bien de la peine à égayer une Phyſique ſi abſtraite. Quel compliment pour ſa Marquiſe, s'il lui avoit dit qu'elle n'étoit qu'une belle apparence ?

Quoiqu'il en ſoit, toujours eſt-il vrai dans cette Phyſique que la matiére n'éxiſte pas réellement. Pourquoi donc faire des Monades ? La réponſe eſt inattenduë : *pour exciter en nous des images d'étenduë, des apparences de mouvement, des phénoménes d'inertie* ; car toutes ces choſes, dit l'Auteur des inſtitutions, (§. 134 & 154.) *naiſſent par la confuſion de pluſieurs réalités.* Qui ne s'imagineroit à ce langage être plongé dans le déſordre du premier cahos ? Il n'y a donc plus de réalités compoſées ? Toutes celles qui exiſtent ſont ſimples, mais encore où ſont-elles ? Car tout ce qui exiſte effectivement doit être quelque part : or les réalités ſimples ne ſont nulle part, puiſque toute étenduë, tout lieu diſtingué d'elles n'eſt dans l'eſprit de nos adverſaires qu'un phantôme de l'imagination. Leur exiſtence n'eſt donc pas plus certaine que celle des phénoménes qui en réſultent, c'eſt-à-dire, des réalités compoſées avec ce qui les conſtituë.

N'eſt-il pas admirable que la connoiſſance claire & diſtincte des déterminations primordiales de la matiére, de ſes attributs conſtans & de ſes modes ſucceſſifs, la fruſtre parmi les Monadiſtes de la qualité de ſubſtance réelle : & qu'au contraire l'ignorance avouée dans laquelle ils ſont de toutes ces choſes à l'égard de la Monade, lui mérite cet avantage par excluſion ? Le beau privilége de poſer des principes, & des principes tout neufs, pour les renvenſer ſoi-même ! Voyons toutefois ſi le phénoméne de la matiére peut naître de la confuſion des Monades.

§. III.

La raiſon nous dicte que la matiére étant ſolidement étenduë, elle doit réſulter de principes qui puiſſent engendrer cette étenduë ſolide : or les Monades, ſeroient-elles infinies en nombre, ne ſçauroient former aucune étenduë. Car il faut pour cela deux conditions. La premiere, qu'elles ſoient toutes les unes hors des autres : la ſeconde, qu'elles ſe touchent immédiatement, & qu'elles ſoient comme liées enſemble par quelque endroit : or comment concevoir ces deux conditions dans un aggrégat de Monades ? Peuvent-elles ſe toucher immédiatement ſans une pénétration mutuelle, n'ayant point de parties par leſquelles elles ne ſe touchent pas ? Et dès qu'elles ſe pénétrent toutes, quelle étenduë peuvent-elles former, que celle d'*un point métaphyſique*, qui n'en a aucune ? N'eſt-ce pas-là un myſtére qui étonne la raiſon, ou plûtôt qui la révolte.

On a beau nous répondre que la Monade eſt à l'étenduë, ce qu'eſt l'unité par rapport au nombre ; la comparaiſon peut ſéduire, mais elle ſera toujours fauſſe. L'unité dans tout nombre réel eſt quelque choſe de poſitif, que l'eſprit le plus borné ſaiſit ſans peine. L'unité, quoiqu'elle ne ſoit pas le nombre même, dont elle fait partie, eſt néanmoins un vrai nombre elle-même, & tellement un vrai nombre, qu'on peut toujours faire une progreſſion infinie de ſes parties proportionnelles, ſans jamais les épuiſer; car ce qu'il eſt eſſentiel de bien conſidérer, ce n'eſt pas de l'unité en général, dont il doit être ici queſtion. Une Monade étant quelque choſe de ſingulier & de déterminé, puiſqu'elle exiſte par hypothèſe : l'unité qu'on lui compare doit l'être auſſi. Or il n'y a pas d'unité actuelle & déterminée qui ne ſoit un vrai nombre en ſoi. Une toiſe contient ſix pieds, un pied douze pouces, un pouce douze lignes, une ligne &c. & ainſide toutes les autres unités ſingulières. Une Monade au contraire n'emporte avec elle aucune étenduë, ni rien de poſitif que le nom. Quel rapport peut-il donc y avoir d'une Monade à l'unité d'un nombre actuel ?

Diſons plûtôt, & la comparaiſon ſera juſte, que la Monade eſt à l'étenduë ce qu'eſt le zéro au nombre; & qu'ainſi, comme une infinité de zéros ne ſçauroit produire le moindre nombre : de même une multitude infinie de Monades ne peut engendrer la plus petite étenduë, & ſur-tout une étenduë ſolide.

§. IV.

TOUTE étenduë ſolide emporte néceſſairement une maſſe. Auſſi le moindre atôme corporel en a-t-il une quelle qu'elle ſoit qui réſulte de l'union & de la cohéſion de ſes principes. Or les Monades peuvent-elles par leur adhéſion réciproque former une maſſe ? Si je veux imaginer une Monade entre deux autres, j'apperçois auſſitôt qu'elle y eſt, & qu'elle n'y eſt pas en même tems ; car je conçois malgré moi que les deux autres ſe touchent immédiatement, n'y ayant pas le moindre intervale, la plus petite étenduë entr'elles, chaque Monade étant inétenduë par ſa nature. Voilà donc nos trois Monades réduites à deux, & pour la maſſe & pour l'étenduë. Que j'y en joigne une quatriéme, y gagnerai-je davantage ? Non ſûrement. Une des deux premieres diſparoîtra encore par la même raiſon, & ainſi de ſuite à l'infini ; tellement qu'il n'en reſtera jamais que deux, d'où je puiſſe eſtimer la maſſe & l'étenduë. Or quelle maſſe & quelle étenduë peuvent former deux Monades qui n'en ont point ? Il n'eſt donc que trop évident qu'un nombre de Monades, tel qu'il ſoit, eſt incapable de conſtituer la maſſe que nous remarquons dans les corps.

Cela étant, d'où peut venir la ſolidité de tout ce qui exiſte ? Car, ſuivant l'Auteur des inſtitutions, (§. 166.) *il n'y a que des ſolides dans la nature.* Qu'il nous ſoit permis de nous arrêter un moment à cette propoſition ſinguliére, & d'en faire notre profit.

D'abord je ne puis la concilier avec le §. 153. où, comme nous l'avons vû, on prétend que l'étenduë n'eſt qu'un pur phénoméne, une ſimple apparence; car ſi tout ce qui eſt hors de nous dans l'univers eſt véritablement ſolide, les trois dimenſions eſſentielles au ſolide doivent exiſter auſſi réellement hors de nous; & par conſéquent l'étenduë n'eſt plus une ſimple image qui n'exiſte qu'en nous, puiſqu'elle eſt néceſſairement enfermée dans les trois dimenſions actuelles du ſolide exiſtant hors de nous.

En ſecond lieu, *ſi tout eſt ſolide dans la nature*, j'en tire trois conſéquences.

1°. Ou chaque Monade eſt ſolide, ou aucune n'eſt dans la nature. On ſent notre avantage de quelque côté qu'on ſe détermine; car ſi chaque Monade eſt ſolide, aucune n'eſt immatérielle & inétenduë : & ſi aucune n'eſt dans la nature ; elles ne ſont pas les élémens de la matiére.

2°. Rien n'eſt immatériel dans la nature, pas même les êtres penſans : autrement tout n'y ſeroit pas ſolide, la ſolidité ne pouvant convenir qu'à la matiére.

3°. L'eſpace abſolu n'eſt qu'un *être de raiſon*, ou tout au plus une abſtraction de l'eſprit, comme on le déclare (§. 87.). On eſt pourtant obligé d'avouer (§. 17.) que la matiére eſt naturellement impénétrable. Pourroit-on bien nous dévéloper le nœud de ces principes ? La matiére ne pénétre pas la matiére : elle pénétre cependant quelque choſe, ſur-tout quand elle eſt dans un mouvement de tranſport : ce quelque choſe exiſte réellement, puiſque le tranſport eſt véritable, & on l'a de tout tems appellé eſpace ; il eſt donc un eſpace qui n'eſt ni matériel, ni ſolide : mais pur & abſolu. Car un eſpace indiviſible doit être pur & abſolu, toute matiére étant eſſentiellement diviſible. Or il faut reconnoître dans la nature un eſpace indiviſible. En effet, ſi tout eſpace étoit diviſible, chacune de ſes parties pourroit être ſéparée de ſa voiſine, ſans qu'il y eût aucune diſtance

diſtance entr'elles. Autrement il y auroit toujours eſpace intermédiaire, & la même difficulté renaîtroit ſans ceſſe. Or il n'eſt pas poſſible que deux parties ſoient ſéparées, ſans qu'il y ait quelque diſtance entr'elles, qui ſoit comme la régle de leur ſéparation : puiſque les choſes entre leſquelles il n'y a aucune diſtance, dès-là ſont unies enſemble, ou parfaitement contiguës; il eſt donc néceſſaire de reconnoître un eſpace dans l'univers. Par conſéquent tout n'y eſt pas ſolide.

Mais revenons aux Monades, & diſons que, quand même tout ſeroit ſolide dans le monde, elles n'en pourroient être les principes. Car qu'on les entaſſe les unes ſur les autres, qu'on les multiplie tant qu'on voudra, il en réſultera bien un nombre idéal plus ou moins grand; mais elles ne fourniront jamais les trois dimenſions eſſentielles au ſolide: non plus que les nombres de Pythagore, que l'on traite aujourd'hui de *folie pitoïable*, & qu'on admireroit peut-être, s'ils avoient les livrées de la nouveauté, même déguiſée : tant ce qui eſt marqué à ce coin fait fortune dans les ſciences comme dans les modes.

§. V.

On s'eſt long-tems élevé, & on ſe recrie encore tous les jours dans la plûpart des Ecoles contre le ſentiment du Prince des Stoyciens ſur les élémens du continu. Or le ſyſtême des Monades n'eſt dans le fond que cette opinion rechauffée. Que ſont en effet les Monades, que de points Zénoniques habillés à la moderne ? Comme eux ne ſont-elles pas inétenduës, indiviſibles, immatérielles ? M. Leibnitz, il eſt vrai, dans leur réſurrection, les a ornées de nouvelles propriétés, telles que la force motrice & l'activité ; mais d'où a-t-il emprunté ces ornemens, ſinon des atômes d'Epicure ? Et n'eſt-ce pas-là juſtement ce qui rend ſes Monades encore plus abſurdes, puiſqu'elles deviennent par-là un aſſemblage bizare de ces atômes & des points Zénoniques, les uns & les autres enfans de l'imagination, que ce Philoſophe lui-même mépriſe comme illégitimes ; il n'eſt donc pas douteux que toutes les preuves qui combattent efficacement les points de Zénon, & même les atômes d'Epicure, quant au mouvement qu'il leur attribuë de leur nature, ne terraſſent du même coup les Monades. Ces preuves ſont trop familiéres aujourd'hui, pour en groſſir notre Diſſertation. Nous nous contenterons de joindre ici un dernier raiſonnement.

§. VI.

Si la matiére, ou l'étenduë (car on veut §. 143 & 144. que ce ſoit la même choſe) étoit compoſée de Monades, il eſt ſans doute que le nombre des Monades conſtituantes ſeroit lui-même fini ou infini. On nie formellement qu'il ſoit infini, parce qu'il s'enſuivroit que tout corps ſeroit diviſible à l'infini, ce qu'on traite d'erreur phyſique, (§. 171.) comme nous l'avons vû; il faut donc qu'il ſoit fini. Cependant il ne paroît pas difficile de prouver que ce nombre ne ſçauroit être fini. Car s'il étoit fini, alors toute étenduë parfaitement cubique par exemple, ſeroit compoſée d'un nombre de Monades auſſi parfaitement cubique, qui auroit pour racine la premiere ſérie terminante de Monades, de quelque côté qu'on voudra du cube ſolide: puiſque toutes les ſéries conſtitutives de ce cube doivent contenir un égal nombre de Monades, étant impoſſible d'aſſigner aucune raiſon d'inégalité : une Monade ne pouvant être plus groſſe que l'autre, excluant toute groſſeur, & n'y ayant d'ailleurs aucune interruption dans l'étenduë. Or une étenduë cubique ne peut pas réſulter d'un nombre cubique de Monades. Car il eſt démontré qu'un nombre cubique ne ſçauroit être double d'un autre nombre cubique : & cela eſt auſſi évident, qu'il eſt clair que 64, cube de 4, ſont plus que le double de 27, cube de 3; il faudroit néanmoins admettre le contraire de cette vérité, ſi le nombre de Monades conſtitutives d'une étenduë cubique, étoit lui-même cubique. Car une autre étenduë cubique peut fort bien être double de cette premiere étenduë cubique. Les Géométres en conviennent. Or une étenduë cubique double de la premiere contiendroit auſſi un nombre cubique de Monades, lequel ſeroit néceſſairement double du nombre cubique de Monades conſtitutives de la premiere étenduë cubique : puiſque ſans cela on ne concevroit pas que cette ſeconde étenduë pût être double de la premiere, la maſſe ne pouvant croître qu'en raiſon de l'augmentation des parties ; donc un nombre cubique pourroit être double d'un autre nombre cubique, si toute étenduë cubique contenoit seulement un nombre fini de Monades; mais cela étant évidemment impossible, il faut absolument conclure que toute portion finie de matiére ou d'étenduë ne peut résulter d'un nombre fini de Monades. On prétend d'ailleurs que ce nombre ne sçauroit être infini; on est donc forcé de convenir que la matiére & l'étenduë ne sont nullement composées de Monades.

Eludera-t-on la force de ce raisonnement, en le réléguant avec les théorémes de M. Keill sur la divisibilité de la matiére à l'infini, dans l'enceinte de la Géométrie? Dira-t-on que, comme eux, il est inappliquable aux corps naturels? Mais n'y a-t-il pas dans la nature, puisqu'on prétend que *tout y est solide*, une infinité de cubes matériels, dont l'un est réellement double de l'autre? L'étenduë, qui est hors de nous, & dans laquelle nous vivons, ne renferme-t-elle pas des cubes véritablement sous-doubles d'autres cubes? N'est-ce pas cette étenduë qne l'on confond avec la matiére, & ses différentes partions, qui sont les corps naturels? Quel motif pourroit donc autoriſer les Monadiſtes à regarder notre raiſonnement comme étranger à la queſtion ? Parce qu'il eſt géométrique, c'eſt-à-dire, parce qu'il eſt fondé ſur l'évidence même ? Ce ſeroit vouloir éteindre le flambeau de la vérité, pour avoir un prétexte de ſoutenir qu'on ne la voit pas. Mais avançons.

Il ne s'agit plus que d'examiner les raiſons qui ont pu porter un ſi grand Homme que M. Leibnitz, à compoſer l'univers entier de Monades. Cette diſcuſſion répandra un nouveau jour ſur tout ce qui a été dit juſqu'ici.

TROISIÉME ET DERNIERE PARTIE.

Où l'on examine si les preuves du Systême des Monades sont assez solides pour mériter qu'on s'y rende.

» ON ne doit admettre dans la » Physique que des parties ac» tuelles, dont l'existence peut » être démontrée par l'expé» rience, ou par des raisonnemens in» contestables ». C'est encore le judicieux Auteur des institutions de Physique qui pose lui-même ce principe lumineux à la fin du §. 171. Or les Monadistes conviennent sans doute que leurs Monades ne peuvent se montrer à l'expérience la plus vigilante, quelque secours même qu'elle emprunte de cet Art merveilleux, qui sçait nous rendre sensible ce qui échape aux yeux de la nature.

Voyons donc si par des *raisonnemens*

incontestables on établit solidement l'existence de ces parties primordiales du composé. Le grand principe de *la raison suffisante* est le juge, au tribunal duquel on nous cite. Il est trop glorieux de s'y soumettre pour le récuser ; mais prenons garde que la prévention ne décide avant la raison.

Nous allons nous proposer comme objections les différentes preuves des Monadistes, afin d'y répondre avec plus de méthode.

PREMIERE OBJECTION
des Monadistes.

VOICI l'Achille des Leibnitziens. » Tous les corps, dit l'Auteur des » institutions, (§. 120.) sont étendus » en longueur, largeur & profondeur : » or comme rien n'existe sans une rai- » son suffisante, il faut que cette éten- » duë ait sa raison suffisante, par laquelle » on puisse comprendre comment & » pourquoi elle est possible ; car de dire » qu'il *y a de l'étenduë, parce qu'il y* » *a des petites parties étenduës*, ce n'est rien

» rien dire, puiſqu'on fera la même » queſtion ſur ces petites parties que » ſur le tout, & que l'on demandera la » raiſon ſuffiſante de leur étenduë : or » comme la raiſon ſuffiſante oblige d'al- » léguer quelque choſe qui ne ſoit pas » la même que celle dont on demande » la raiſon, puiſque ſans cela on ne » donne point de raiſon ſuffiſante, & que » la queſtion demeure toujours la même : » ſi l'on veut ſatisfaire à ce principe ſur » l'origine de l'étenduë, il faut en venir » enfin à quelque choſe de *non-étendu*, » & *qui n'ait point de parties*, pour » rendre raiſon de ce qui eſt étendu & » qui a des parties. Or un être non- » étendu & ſans parties eſt un être ſim- » ple ; donc les compoſés, les êtres éten- » dus exiſtent, parce qu'il y a des êtres » ſimples », (c'eſt-à-dire, des Monades).

Tel eſt le ſpécieux raiſonnement qui a ébloui la plûpart de ceux qui encenſent aujourd'hui les Monades. On ne peut à les entendre y repliquer d'une maniére plauſible. Examinons toutefois s'il eſt auſſi *inconteſtable* qu'on ſe l'imagine, & pour le montrer tel qu'il eſt, commençons par en élaguer le ſuperflu, & le réduire à ſa juſte valeur.

Il faut une raiſon ſuffiſante de l'étenduë des corps : l'étenduë ne peut elle-même être cette raiſon ; il eſt donc néceſſaire que l'inétenduë ſoit la raiſon ſuffiſante de l'étenduë des corps.

C'eſt bien là, je crois, le précis de ce raiſonnement. En voici la ſolution.

RÉPONSE.

§. I.

Je reconnois volontiers que chaque choſe a ſa raiſon ſuffiſante diſtinguée d'elle-même ; mais auſſi je ſçais à n'en pouvoir douter que l'eſprit humain, fait pour admirer encore plus que pour ſçavoir, eſt trop reſſerré dans ſa ſphére, pour jamais connoître la raiſon ſuffiſante de tout ce qui exiſte. Dieu, en rendant l'homme participant de ſon intelligence, ne s'eſt ſûrement pas propoſé cette fin ; c'eſt pourquoi on ſera toujours recuſable à n'admettre que ce dont on connoît clairement la raiſon ſuffiſante. C'eſt aſſez de ſçavoir en général que l'Auteur de la Nature infiniment ſage, n'a rien pu faire ſans de bonnes raiſons, quoiqu'il n'ait pas jugé à propos de nous les manifeſter toutes ; c'eſt donc viſiblement abuſer du principe de la raiſon ſuffiſante, que de le faire diſparoître où notre ignorance néceſſaire nous empêche de le découvrir : puiſque c'eſt borner la raiſon du Créateur à celle de la créature, & meſurer l'infini par le fini : or l'étenduë de la matiére peut fort-bien être une de ces choſes dont la raiſon ſuffiſante eſt impénétrable à l'homme : la connoiſſance de cette raiſon ne lui étant d'aucune utilité, même dans l'ordre phyſique.

Mais je veux qu'il puiſſe l'acquerir, étoit-elle réſervée à M. Leibnitz & à ſes Diſciples ? Une raiſon n'eſt véritablement ſuffiſante qu'autant qu'elle ſatisfait l'eſprit : or dire que l'inétenduë eſt le principe de l'étenduë, cela eſt-il bien ſatisfaiſant ? J'aimerois autant dire que l'indiſſolubilité eſt la raiſon ſuffiſante de la diviſibilité de la matiére, & généralement que le contraire eſt toujours la raiſon ſuffiſante de ſon contraire ; ainſi la ſolidité ſera la raiſon ſuffiſante de la fluidité, la chaleur du froid, l'opacité de la tranſparence, le vuide du plein, le repos du mouvement, la pénétrabilité de l'impénétrabilité, &c. & *vice versâ* ; car c'eſt là où conduit le brillant ſophiſme que nous réfutons.

Je dis *sophisme*, & pour le justifier, il suffit de le mettre en parallele avec le paralogisme suivant, qui lui est tout-à-fait semblable quant à la forme.

Il faut une raison suffisante de l'impénétrabilité des corps : l'impénétrabilité ne peut elle-même être cette raison ; il est donc nécessaire que la pénétrabilité soit la raison suffisante de l'impénétrabilité des corps.

§. II.

MAIS entrons plus avant dans la difficulté. L'étenduë, sans être formellement la raison suffisante de l'étenduë des corps, ne doit-elle pas être enfermée dans ce qui en est la véritable raison suffisante ? Oui certainement, puisqu'il faut l'en déduire comme un conséquent de son antécédent, & qu'elle doit en émaner comme un effet de sa cause nécessaire. Or l'inétenduë renferme-t-elle en aucune maniére l'étenduë, & peut-elle en être la cause nécessaire ? Comment donc en seroit-elle la raison suffisante ? A quoi bon multiplier les mystéres ? Cherchons plûtôt cette raison dans la nature même de l'étenduë. Peut-être l'y trouverons-nous plus sûrement.

§. III.

DEUX choses, comme je l'ai déjà indiqué dans la seconde Partie, paroissent également concourir à former l'étenduë en général, sçavoir, l'extra-position & l'union, ou du moins le contact immédiat des parties coéxistantes qui la constituent ; car des parties unies sans extra-position ne sçauroient donner qu'un point : & des parties extra-posées sans se toucher, présupposent bien une étenduë, dans laquelle elles sont distantes les unes des autres ; mais elles n'engendreront jamais cette étenduë, qui étant continuë, n'admêt pas d'interstices entre ses parties : puisque ces interstices étant eux-mêmes étendus, la question resteroit toujours sans solution.

Ainsi ou la matiére est parfaitement continuë, ou elle admêt des intervales entre ses parties, qui soient absolument vuides. Si elle est parfaitement continuë, il faut nécessairement qu'elle ait toutes ses parties conjointes & extra-posées ; par conséquent son étenduë dépend immédiatement de l'union & de l'extra-position de toutes ses parties. Si au contraire elle admêt des intervales entre ses parties, qui soient vuides de toute matiére, il faut nécessairement alors reconnoître une étenduë distinguée de celle de la matiére, & admettre des *vuides disseminés* dans la nature; mais cette étenduë, ces vuides, dit l'Auteur des institutions, (§. 73.) *répugnent aussi-bien que les atômes:* & les efforts de Messieurs Gassendi, Newton, Keill, Locke, Clarke, & de tant d'autres illustres Philosophes pour les établir contre le sentiment Cartésien de M. Leibnitz, sont vains & sans succès. La matiére est donc selon lui parfaitement continuë; il faut donc que l'union & l'extra-position de toutes ses parties soient conjointement la raison prochaine, immédiate & suffisante de son étenduë, & nullement l'inétenduë.

§. IV.

QUAND j'avance que la matiére, & par conséquent que tout corps est étendu, parce qu'il a toutes ses patties coéxistantes les unes hors des autres, & uniës ensemble, ou du moins contiguës par quelque endroit : ce n'est pas certainement dire qu'il est étendu, *parce qu'il a de petites parties étenduës ;* ainſi c'eſt viſiblement en impoſer, que de prêter une ſemblable réponſe aux Anti-monadiſtes. Il eſt bien vrai que ces parties étant actuelles, ne peuvent pas qu'elles ne ſoient elles-mêmes étenduës : comme les unités de tout nombre actuel & déterminé ſont elles-mêmes de vrais nombres, ainſi que nous l'avons fait voir ; mais ce n'eſt pas poſitivement par cette étenduë propre qu'elles conſtituent celle du tout, dont elles ſont parties : c'eſt plûtôt par leur extra-poſition, & par leur union, ou leur contiguité : puiſqu'autrement le tout n'auroit pas plus d'étenduë qu'une de ſes parties, & dès-lors ne ſeroit pas plus grand qu'elle. En un mot, l'étenduë des parties eſt bien une condition, ſans laquelle le tout qui en réſulte ne ſeroit pas étendu, (ayant démontré qu'une infinité d'inétendus ne ſçauroit engendrer le moindre étendu) : mais elle n'eſt pas le principe formel conſtitutif de l'étenduë du tout.

§. V.

En ce cas, diront les Monadiſtes, la queſtion reſte en ſon entier, & notre explication n'eſt qu'une pétition de principes : puiſqu'il reſte à ſçavoir d'où vient l'étenduë des parties de la matiére & des corps.

Point du tout ; car ce n'eſt pas l'étenduë des parties du corps, qui eſt en queſtion, mais ſeulement celle du corps même : or je ne ſuppoſe pas l'étenduë du corps. Je la déduis de l'extra-poſition, & de l'union de ſes parties coéxiſtantes. Que ſi enſuite on vient à demander pourquoi ces parties ſont elles-mêmes étenduës, c'eſt une ſeconde queſtion, à laquelle je réponds encore : parce que chaque partie de tout corps eſt elle-même un tout compoſé d'autres parties coéxiſtantes les unes hors des autres, & uniës enſemble : comme l'unité d'un nombre réel eſt elle-même un vrai nombre, parce qu'elle contient d'autres unités, moindres à la vérité, mais qui ne ſont pas moins des unités, & ainſi de ſuite à l'infini, n'y ayant point de bornes dans le nombre des parties proportionnelles de tout corps : chacune étant néceſſairement matérielle, & par-là même diviſible, auſſi petite qu'on l'imagine : puiſque ſelon M. Leibnitz même, *la moindre particelle doit être conſidérée comme un monde plein d'une infinité de créatures.* J'ajoûterai que je ne puis concevoir une partie de matiére sans étenduë, quoique je conçoive aisément une partie d'étenduë sans matiére, & qu'ainsi je suis forcé d'admettre une infinité de parties substancielles dans toute portion de matiére, dont aucune n'est vraiment *premiere*, ni par conséquent *simple.*

Je ne dis rien de nouveau. Cela peut être; mais la nouveauté est-elle le *criterium* d'une raison suffisante? Où en seroit M. Leibnitz avec ses points *Zénoniques épicurisés?* Pourvû que je dise quelque chose qui soit entendu, & qui loin de révolter l'esprit, le satisfasse eu égard à ses bornes, j'aurai toujours, ce semble, un avantage sur les Monadistes dans la question présente.

§. VI.

Enfin un Monadiste voudroit-il bien nous apprendre la raison suffisante de l'extra-position des parties de la matiére & des corps? Dans nos principes nulle difficulté, & rien ne paroît plus conforme à la vérité; c'est leur impénétrabilité fondée sur leur solidité, laquelle solidité provient de l'ultérieure irrésolubilité relative & non absoluë, que l'expérience & la raison nous forcent d'admettre dans certaines molécules de la matiére, au jugement même de l'Auteur des institutions, (§. 172.) & que pour cette raison l'on peut regarder comme parties primitives dans la nature, ou comme les élémens physiques des corps.

Un Leibnitzien a-t-il le même avantage? Ses Monades sont-elles impénétrables, n'ayant aucune solidité, puisqu'elles sont immatérielles? Comment donc sont-elles extra-posées nécessairement? L'Auteur des institutions n'a pu se dissimuler la force de cette difficulté; & pour la brusquer sans y satisfaire, il répond en deux mots (§. 133.) que c'est *parce que l'une ne peut jamais être l'autre.* N'est-ce pas-là ce qu'on peut appeller *une bride à tout cheval?* Quand même une Monade ne seroit pas l'autre, si elles ne peuvent être unies sans se pénétrer, ainsi que nous l'avons prouvé, est-il possible qu'elles existent l'une hors de l'autre d'une maniére propre à fournir une étenduë? De plus, comment pourroient-elles être unies ensemble? Par insertion? Mais dans l'insertion il faut partie dedans & partie dehors, pour faire union & continuité en même tems : & malheureusement les Monades n'ont point de parties. Par contiguité ? Mais la simple contiguité, sur-tout de parties immatérielles, telles que sont les Monades, ne sçauroit jamais former un ensemble solide, au moins en tout sens : autrement nous n'aurions pas de fluide dans la nature ; il faudroit en outre qu'elles se touchassent immédiatement : or il n'y a que le matériel qui puisse toucher & être touché réellement ; il est donc manifestement impossible d'extra-poser les Monades d'une façon propre à constituer l'étenduë.

Mais si les Monades ne peuvent être extra-posées d'une maniére convenable à former l'étenduë, que devient tout le raisonnement que nous avons combattu jusqu'ici ? Il croule nécessairement, & c'est en vain que pour l'appuyer on a recours aux comparaisons. Elles peuvent figurer à côté de lui ; mais ce sont des ornemens sans force. L'exemple suivant va le prouver.

§. VII.

COMME une montre, disent les Leibnitziens, (§. 120.) n'eſt pas montre, parce qu'elle eſt compoſée de montres: de même auſſi un étendu n'eſt pas étendu, parce que ſes parties ſont étenduës; donc il faut des inétendus, des Monades, qui ſoient les principes de tout ce qui eſt étendu.

Cette comparaiſon, je l'avouë, eſt auſſi ſenſible que les Monades ſont inintelligibles; mais outre que nous n'avons jamais prétendu que tout ce qui eſt étendu ſoit tel, parce qu'il a des parties étenduës: peut-on même à la premiere vûë ne pas appercevoir la diſparité manifeſte qu'il y a entre les membres de cette comparaiſon? 1°. Ne tombe-t-elle pas dans le reproche que fait M. Leibnitz aux Modernes, de comparer *les machines artificielles avec les machines naturelles?* 2°. Tout le monde conçoit-il les Monades, comme il conçoit les parties d'une montre? 3°. Peut-on de pluſieurs montres, ſans y rien changer, conſtruire une ſeule montre: comme un ſeul étendu peut réſulter de pluſieurs étendus joints enſemble ſans autre changement? 4°. Comprend-on qu'un corps puiſſe être formé par un aggrégat de parties, qui ſont démontrées incapables d'engendrer par aucun arrangement l'étenduë, la ſolidité, l'impénétrabilité: comme on comprend que des parties qui ne ſont pas montres ; peuvent obtenir la forme & la diſpoſition néceſſaires à faire une montre ? 5°. Enfin ſi toutes les parties d'une montre étoient purement intellectuelles & métaphyſiques, telles que ſont les Monades, leur aſſemblage pourroit-il former cette machine aujourd'hui ſi perfectionnée ? Quel rapport peut-il donc y avoir des parties d'une montre avec les Monades ? N'eſt-ce pas comparer le poſitif avec le négatif, le réel avec l'imaginaire ? Mais en voilà bien aſſez pour la premiere objection : paſſons à la ſeconde.

SECONDE OBJECTION.

» LES compoſés, dit l'Auteur des
» inſtitutions, (§. 134.) ne peu-
» vent ſubſiſter ſans les ſimples, ni re-
» cevoir aucun changement qui ne ſoit
» fondé dans les élémens ; ainſi les com-
» poſés ne ſont point des ſubſtances par
» eux-mêmes, mais des aſſemblages de
» ſubſtances ou d'êtres ſimples. Car dans

» l'être composé il n'y a rien de substan» ciel que les élémens ; tout le reste, » comme la grandeur, la figure des par» ties, leur situation entr'elles, les qua» lités physiques de la matiére, comme » la dureté, la ductilité &c. qui consti» tuent le composé, ne sont que des mo» des ; comme dans une montre, par » exemple, la figure des rouës, leur com» binaison, la qualité du ressort, la du» reté des parties &c. constituent la mon» tre ; cependant on voit évidemment » que toutes ces choses ne sont que des » modes qui peuvent varier sans que la » matiére de la montre périsse, & par » conséquent il ne périt rien de substan» ciel, quoiqu'un composé cesse, & qu'il » s'en forme un autre par la différente » combinaison de ses parties, puisque les » élémens continuent toujours de sub» sister & de durer, quelque séparation » qui puisse arriver aux parties des com» posés ».

Ce raisonnement paroît plus artificieux que solide, quoiqu'il contienne plusieurs vérités non contestées, & je crois qu'il suffit pour le réfuter d'en développer les principes, & de les bien expliquer, afin de prévenir toute séduction de l'esprit.

L'Auteur s'y propose de prouver que les composés ne sont pas de vraies substances, & que ce titre ne convient réellement qu'aux êtres simples, c'est-à-dire, aux Monades. Voici en peu de mots toute sa preuve.

Il n'y a de véritable substance que ce qui subsiste par soi-même. Or rien ne subsiste par soi-même que ce qui est simple, tout ce qui a des parties ne subsistant que par elles ; donc il n'y a que l'être simple qui soit véritablement substance.

RÉPONSE.

§. I.

Cet argument équivoque n'a aucune force dans les principes antérieurs de l'Auteur des institutions. Car on lui dira, selon vous (§. 52.) » La vraie substance » est ce qui conserve des déterminations » essentielles & des attributs constans, » pendant que les modes y varient & » se succédent ». Or tout corps, tout composé conserve *des déterminations essentielles*, comme la multitude des parties, l'étenduë en général &c. *des attributs constans*, tels que l'impénétrabilité, la divisibilité, la mobilité &c. ainsi que *des modes variables & ſucceſſifs*, comme le mouvement local & ſes différentes affections, la figure en particulier &c. donc tout composé, tout corps eſt une véritable ſubſtance.

§. II.

En adoptant même, comme nous faiſons, le ſecond principe de cet Auteur ſur la notion de la ſubſtance, nous pouvons lui accorder tout ſon ſyllogiſme, ſans que les Monadiſtes ayent lieu de s'en prévaloir. Car il ne prouve aucunement que les élémens des corps ſoient des êtres ſimples, ni par conſéquent qu'il y ait des Monades différentes des eſprits, ce qui fait l'objet de notre diſpute. Tout ce qu'on en peut conclure, c'eſt qu'il n'y a que les eſprits proprement dits, comme Dieu, l'Ange & l'ame, qui ſoient de véritables ſubſtances: parce qu'il n'y a qu'eux qui ſoient immatériels, & qui excluent toute compoſition phyſique; car il ne s'agit pas ici de ces êtres métaphyſiques, qui ne peuvent exiſter que dans un ſujet, comme la vertu, la ſcience &c. & qu'on appelle attributs ou modes, ſuivant qu'ils ſont eſſenciels ou contingens à leur ſujet.

Mais,

Mais, peut-on nous dire, ce ſecond principe prouve clairement qu'il y a des Monades différentes des eſprits, s'il eſt impoſſible de concevoir un compoſé ſans des êtres ſimples qui en ſoient les élémens, & par leſquels il ſubſiſte : or il eſt impoſſible de concevoir &c. donc &c.

La mineure de ce ſyllogiſme eſt une aſſertion gratuite ; car pour concevoir un compoſé, il ſuffit de concevoir une multitude de parties réuniës, & formant un même tout : or on peut aiſément concevoir une multitude de parties réuniës, ſans qu'aucune de ces parties ſoit ſimple en elle-même. La notion de *partie* n'emporte pas avec elle la ſimplicité phyſique, comme elle ne l'excluë pas. L'ame eſt une partie de l'homme, & elle eſt ſimple : le corps eſt auſſi une partie de l'homme, & il eſt compoſé. En un mot, je conçois, par exemple, qu'un arbre eſt compoſé, parce qu'il réſulte de l'aſſemblage ſymmetriſé des racines, du tronc, des branches, des feuilles, du bois, de l'écorce &c. ſans que ni mon entendement, ni mon imagination exigent que toutes ces parties ſoient ſimples. Au contraire l'un & l'autre m'ouvre dans chaque partie matérielle une ſource réellement intariſſable d'autres parties moindres & moindres à l'infini ; d'où il suit que chacune d'elles est un autre composé, sans qu'on puisse jamais parvenir à la derniere décomposition, l'infini étant inépuisable. Cette vérité peut rebuter ceux qui n'ont point assez approfondi la nature de la matiére ; mais outre qu'elle n'en est pas moins vérité, l'existence des Monades est certainement beaucoup plus obscure & moins croyable ; il faut cependant admettre l'une ou l'autre.

§. III.

VENONS présentement à la difficulté même. Il est bien vrai que *subsister par soi-même*, fait le caractère distinctif de la substance, & non pas l'action, comme le prétend M. Leibnitz : & qu'ainsi il n'y a de véritables substances parmi les êtres, que ceux qui subsistent par eux-mêmes ; mais qu'est-ce que subsister par soi-même? Cette expression est équivoque, & c'est sur cette équivoque qu'est fondé tout le spécieux du raisonnement qu'on nous oppose. Tâchons de dire dans notre explication autre chose que de nouveaux mots à définir : afin d'éviter le reproche qu'on fait à ce ſujet (§. 51.) aux Scholaſtiques, à Deſcartes même & à M. Locke.

Sans nous arrêter aux ſens grammatical du verbe *ſubſiſter*, il me ſemble que *ſubſiſter par ſoi-même* peut ſignifier trois choſes: 1°. Exiſter de ſa nature, & indépendemment de toute cauſe: 2°. Exiſter comme ſeul, & indépendemment de tout ſujet d'adhéſion: c'eſt-à-dire, ne pas requerir d'être reçu dans un ſujet pour exiſter, comme la probité que je ne puis concevoir exiſter que dans un ſujet à qui elle convienne: 3°. Exiſter ſimple & indépendemment de toutes parties phyſiques. J'ajoûte *phyſiques*, parce que rien ne peut exiſter ſans parties métaphyſiques, telles que ſont le genre, la différence & les propriétés qui en découlent.

Ainſi ſubſiſter par ſoi-même peut renfermer trois indépendances, ſçavoir, l'indépendance de cauſe, l'indépendance de ſujet & l'indépendance de parties phyſiques. La premiere, qui renferme les deux autres ſans réciprocation, ne convient qu'à Dieu; la ſeconde appartient à tous les corps & à toutes les parties matérielles (ſans excluſion des eſprits); car une planéte, par exemple, peut exiſter ſeule indépendemment de tout être créé hors d'elle. On conçoit la même choſe d'un bras, d'une jambe & de toute autre partie corporelle que ce ſoit ; la troiſiéme enfin eſt comme l'appanage des eſprits proprement dits.

Or ces trois indépendances ſont-elles néceſſaires pour conſtituer une ſubſtance ? Deux ſuffiſent-elles ? N'en faut-il qu'une ? Quelle eſt-elle ? Si toutes les trois ſont néceſſaires, Dieu ſeul eſt une vraie ſubſtance. Si les deux dernieres ſont requiſes, abſtraction faite de la premiere, il n'y a que les êtres penſans, à qui ce titre puiſſe convenir : puiſqu'il n'y a qu'eux entre les êtres (qui ne ſont pas modifications) qui excluent toutes parties phyſiques : étant les ſeuls immatériels. Si enfin la ſeconde ſuffit : (car la troiſiéme ſeule ne peut être ſuffiſante ; autrement la vertu, la ſcience ſeroient de vraies ſubſtances,) ſi, dis-je, la ſeconde indépendance ſuffit, comme c'eſt l'opinion commune de l'Ecole contre les Spinoſiſtes, il faut convenir que tous les compoſés phyſiques ſont de véritables ſubſtances.

§. IV.

En effet, tout ce qui ne modifiant aucun ſujet, eſt lui-même modifié, ne peut être qu'une ſubſtance : Or les corps ne modifient aucun ſujet, quoiqu'en diſe Spinoſa, & ils ſont eux-mêmes modifiés de l'aveu même de nos adverſaires. Il eſt vrai qu'ils dépendent de l'union actuelle de leurs parties pour exiſter tels qu'ils ſont ; mais ils ont cela de commun dans leur genre avec tous les êtres métaphyſiques dans le leur ; car la poſſibilité primordiale d'un être en général étant *la ſociabilité de ſes parties*, ſon exiſtence doit être *l'union actuelle de ſes parties*, ſoit phyſiques, ſoit métaphyſiques, ſelon qu'il eſt ou matériel ou ſpirituel : toute la différence qu'il y a, c'eſt que les parties phyſiques peuvent exiſter ſans le compoſé, dont elles ſont parties : au lieu que les métaphyſiques ne ſçauroient exiſter ſeules. D'ailleurs il eſt conſtant que les corps exiſtent indépendemment de tout ſujèt, qui ſoit comme le ſoûtien ou la baſe de leur être, c'eſt-à-dire, qu'ils exiſtent d'une maniére contraire à tout ce qu'il s'appelle modification ; ils ſont donc des ſubſtances réelles ; ce qui n'empêche pas que chacun d'eux ne ſoit en même tems un aſſemblage d'une infinité de ſubſtances partielles : & c'eſt pourquoi nous regardons cette infinité de parties ſubſtancielles comme le dégré ſpécifique de la matiére & des corps en général.

Nous obſerverons cependant que la raiſon *de ſubſtance* étant plus ou moins parfaite dans un être, à proportion qu'il eſt plus ou moins indépendant dans ſon exiſtence & dans ſes opérations : nous concevons que le corps eſt la moins parfaite de toutes les ſubſtances, que Dieu en poſſéde toute la plénitude, & que l'eſprit créé tient une eſpéce de milieu.

§. V.

MAIS, diront encore les Monadiſtes, ſi un corps étoit véritablement ſubſtance par lui-même, quand il ceſſe d'être tel corps, pour devenir tout autre, par une différente combinaiſon de ſes parties, il périroit en lui quelque choſe de ſubſtanciel. Or il ne périt rien de ſubſtanciel dans le pain, par exemple, & dans le vin, quand l'un & l'autre par la trituration, & la digeſtion ceſſent d'être pain & vin, pour devenir ſucceſſivement chile, ſang, chair & os; donc les corps &c..

La conſéquence de la majeure dans cet argument ne paroît point exacte; car qu'on y fasse attention, un corps n'est pas précisément substance, parce qu'il a tel ou tel arrangement de ses parties: mais seulement parce que c'est une portion de matiére, qui, comme nous l'avons observé, est independante de tout sujèt pour exister. Or il est manifeste que cette indépendance ne périt pas dans une portion de matiére, quoiqu'elle acquierre successivement différentes combinaisons de ses parties. Elle perd bien alors certaines modifications qu'elle avoit, pour en recevoir de nouvelles, en vertu desquelles on lui donne un autre nom que celui qu'elle portoit auparavant, afin de ne pas confondre les diverses combinaisons, dont la matiére est susceptible dans ses parties; mais elle demeure toujours radicalement la même substance, & c'est ce qui semble prouver que la matiére est réellement homogène par-tout; & que les corps ne différent que contingemment.

Il ne nous reste plus qu'une difficulté à résoudre. Elle sera la matiére de la troisiéme objection.

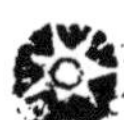

TROISIÉME ET DERNIERE OBJECTION.

LES Monades, nous dit-on, sont des unités réelles : or il faut nécessairement admettre des unités réelles ; car selon M. Leibnitz dans son nouveau systême de la nature, & de la communication des substances, *la multitude ne peut avoir sa réalité que des unités véritables, puisque sans unités il n'y a point de multitude véritable* ; donc il faut nécessairement admettre les Monades.

RÉPONSE.

IL n'est pas douteux qu'il n'y ait des unités réelles dans l'univers, puisque les substances spirituelles, qui sont absolument indivisibles, en sont le plus bel ornement ; mais il s'agit ici d'unités réelles, c'est-à-dire, de substances simples différentes des esprits, & qui soient les premiers élémens de la matiére & des corps. Or nous avons prouvé par une foule d'argumens décisifs, qu'il est impossible que la matiére & les corps résultent

ſultent de ces unités Métaphyſiques, quel qu'en ſoit le nombre; il s'en faut donc bien qu'il y ait néceſſité de les admettre.

S'en ſuit-il pour cela qu'il n'y ait point de multitude véritable? Le nombre de grains de ſable qui couvre les rivages de la mer n'eſt-il pas une vraie multitude? Que ſignifie *multitude réelle en ſoi?* Dit-elle autre choſe que *collection* d'individus d'une même ou de pluſieurs eſpéces? Faut-il que chaque individu ſoit un d'une unité d'indiviſibilité? L'unité d'*indiviſion* ne ſuffit-elle pas? Celui qui ſe trouvant à une pêche nombreuſe, ou dans une forêt épaiſſe, s'écrie, quelle multitude de poiſſons! quelle multitude d'arbres! S'exprime-t-il d'une maniére impropre & contre la bonne Logique? J'accorde donc volontiers à M. Leibnitz que la multitude tire ſa réalité des unités véritables priſes *in concreto*, pour parler le langage de l'Ecole, mais non pas *in abſtracto*; & il me paroît indubitable que la diviſibilité d'un tout ne l'empêche pas d'être véritablement *un*: parce que l'unité n'emporte que l'indiviſion de ce qu'on appelle *un*, & ſa ſéparation de tout autre individu. Au reſte, comme nous ſommes bien éloignés de vouloir diſputer des mots, s'il plaît aux Leibniziens de s'opiniâtrer à n'appeller multitude qu'une collection de ſubſtances ſimples, qui excluent toutes parties phyſiques : nous nous reſtraindrons à ſoutenir que hors la collection des eſprits, il n'y a point de véritable multitude en ce ſens : parce qu'il n'y a pas de ſubſtances ſimples différentes des eſprits, ainſi que nous l'avons démontré.

CONCLUSION.

Quelle raiſon peut donc déterminer un eſprit déſintéreſſé & non prévenu, à ſoutenir que la matiére & tous les corps ſont composés de Monades ? Une opinion auſſi ſinguliére, pour ne pas dire auſſi révoltante, ne demanderoit-elle pas au moins une Démonſtration géométrique, pour être admiſe dans le Sanctuaire des Sciences ? Or où la trouve-t-on cette Démonſtration ? Aucun des raiſonnemens que nous nous ſommes objectés dans la troiſiéme Partie de cette Réfutation, mérite-t-il ce titre ? Qu'on les péſe tous avec les nôtres dans la balance de l'impartialité, & je ſerai bien trompé, si elle panche du côté des Monadistes. D'où il résulte que les Monades n'ont jamais eu d'existence que dans l'imagination de leur inventeur, & qu'elles n'en sçauroient avoir ailleurs; qu'elles ne sont par conséquent que de pures chiméres, de jolis riens, peu dignes de la vraie Physique.

Qu'on vante donc tant qu'on voudra le systême de M. Leibnitz: qu'on fasse honneur à M. Wolf de l'avoir établi par une suite d'idées merveilleusement subtiles: qu'on applaudisse à Madame la Marquise du Chatelet de l'avoir embelli de toutes les graces qui lui étoient si naturelles: pour moi j'admirerai toujours que des Philosophes, qui se font gloire de ne suivre d'autre Boussole que le principe de la raison suffisante, aient employé tant d'art à substituer l'imaginaire au réel, la chimére à la vérité.

FIN.

APPROBATION
du Censeur Royal.

J'AI lû, par l'ordre de Monseigneur le Chancelier, & approuvé un Manuscrit qui a pour titre : *Réfutation du Systême des Monades.* A Paris, ce 9 Mars 1752.

LA CHAPELLE, Membre de la Société Royale de Londres.

PRIVILÉGE DU ROI.

LOUIS, par la grace de Dieu, Roi de France & de Navarre : A nos amés & féaux Conseillers les Gens tenans nos Cours de Parlement, Maîtres des Requêtes ordinaires de notre Hôtel, Grand-Conseil, Prevôt de Paris, Baillifs, Sénéchaux, leurs Lieutenans Civils, & autres nos Justiciers qu'il appartiendra; SALUT. Notre bien amé le Sieur *** Nous a fait exposer qu'il désireroit faire imprimer, & donner au

Public un Ouvrage qui a pour titre : *Réfutation du Système des Monades*, s'il Nous plaisoit lui accorder nos Lettres de Permission pour ce nécessaires. A CES CAUSES, voulant favorablement traiter l'Exposant, Nous lui avons permis & permettons par ces Présentes, de faire imprimer ledit Ouvrage autant de fois que bon lui semblera, & de le faire vendre & débiter par tout notre Royaume pendant le tems de trois années consécutives, à compter du jour de la datte des Présentes. Faisons défenses à tous Imprimeurs, Libraires & autres personnes de quelque qualité & condition qu'elles soient, d'en introduire d'impression étrangére dans aucun lieu de notre obéissance ; A la charge que ces Présentes seront enregitrées tout au long sur le Registre de la Communauté des Imprimeurs & Libraires de Paris, dans trois mois de la datte d'icelles, que l'impression dudit Ouvrage sera faite dans notre Royaume, & non ailleurs, en bon papier & beaux caractéres, conformément à la feuille imprimée, attachée pour modéle sous le contre-sel des Présentes ; que l'Impétrant se conformera en tout aux Réglemens de la Librairie,

& notamment à celui du dix Avril mil sept cens vingt-cinq; qu'avant de l'exposer en vente, le Manuscrit qui aura servi de copie à l'impression dudit Ouvrage, sera remis dans le même état où l'Approbation y aura été donnée, ès mains de notre très-cher & féal Chevalier, Chancelier de France, le Sieur de la Moignon, & qu'il en sera ensuite remis deux Exemplaires dans notre Bibliothéque publique; un dans celle de notre Château du Louvre; un dans celle de notre très-cher & féal Chevalier, Chancelier de France, le Sieur de la Moignon; & un dans celle de notre très-cher & féal Chevalier, Garde des Sceaux de France, le Sieur de Machault, Commandeur de nos Ordres; le tout à peine de nullité des Présentes. Du contenu desquelles vous mandons & enjoignons de faire jouir ledit Exposant, & ses ayant causes, pleinement & paisiblement, sans souffrir qu'il leur soit fait aucun trouble ou empêchement. Voulons qu'à la copie des Présentes, qui sera imprimée tout au long, au commencement ou à la fin dudit Ouvrage, foi soit ajoûtée comme à l'original. Commandons au premier notre Huissier ou

Sergent ſur ce requis, de faire pour l'éxécution d'icelles, tous actes requis & néceſſaires, ſans demander autre permiſſion, & nonobſtant clameur de Haro, Charte Normande, & Lettres à ce contraires. Car tel eſt notre plaiſir. DONNÉ à Verſailles, le vingt-huitiéme jour du mois de Juin, l'an de grace mil ſept cens cinquante-quatre; & de notre Régne le trente-neuviéme. Par le Roi en ſon Conſeil.

PERRIN.

Regiſtré ſur le Regiſtre treize de la Chambre Royale & Syndicale des Libraires & Imprimeurs de Paris, N°. 387. fol. 304. conformément au Réglement de 1723. qui fait défenſe art. 4 à toutes perſonnes de quelle qualité qu'elles ſoient, autres que les Libraires & Imprimeurs, de vendre, debiter & faire afficher aucuns Livres pour les vendre en leurs noms, ſoit qu'ils s'en diſent les Auteurs ou autrement, & à la charge de fournir à la ſuſdite Chambre neuf Exemplaires preſcrits par l'art. 108 du même Réglemeut. A Paris, le 16 Juillet 1754.

Signé, DIDOT, Syndic.

www.ingramcontent.com/pod-product-compliance
Ingram Content Group UK Ltd.
Pitfield, Milton Keynes, MK11 3LW, UK
UKHW020342180726
13839UKWH00002B/859

9 782329 574561